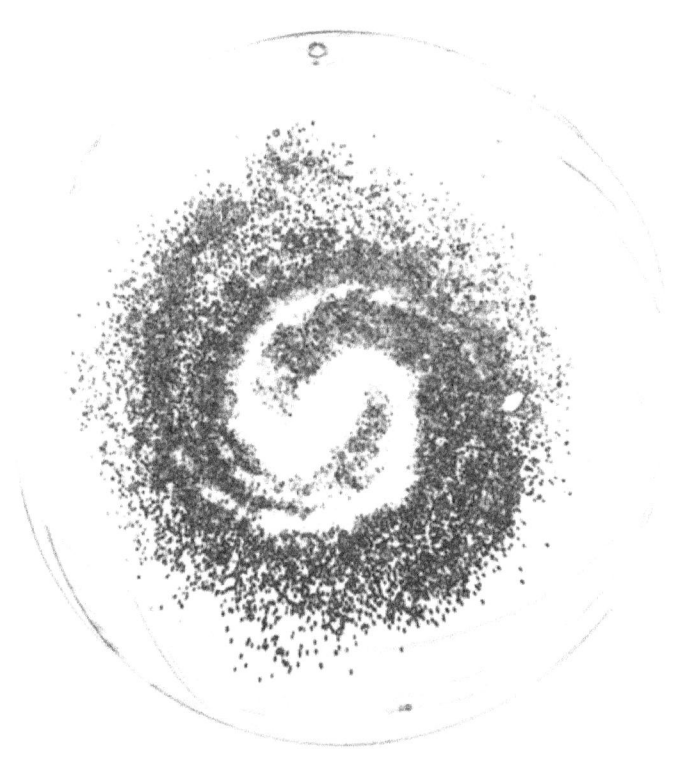

Codex Galactica

Primo Alfonso di Mera
1964

von Jerry Fusco

4

Vorwort	S. 7
Ein Wort zum Buch	S. 8
Anfangsgedanken	S. 11
Erstes Fragment - Atome fressen Gravitone	S. 13
Zweites Fragment - Im Strom der Wirkungsrichtung	S. 19
Drittes Fragment - Die Göttliche Symbiose der Materie	S. 23
Viertes Fragment - Das Zentrum aller Materie	S. 27
Fünftes Fragment - Geburt und Tod	S. 31
Sechstes Fragment - Wasserkugel und Luftblase	S. 39
Siebtes Fragment - Fallendes Feuer	S. 45
Achtes Fragment - Rotation	S. 49
Neuntes Fragment - Raum-Krümmung oder Wirbel	S. 53
Zehntes Fragment - Zeitreise	S. 57
Elftes Fragment - Schweben und Raumfahren	S. 61
Zwölftes Fragment - Philosophischer Ansatz	S. 63
Meine Ergänzungen und Erklärungen	S. 64

Vorwort

Die Aussagen in diesem Buch beanspruchen nicht, wissenschaftlich korrekt zu sein, sondern sollen nur einen Anstoß zum Nachdenken geben.

Der „Codex Galactica" ist eine im Roman „Nexus Semera" erwähnte Schrift, die von dem fiktiven „Primo Alfonso die Mera" geschrieben wurde. Sie soll seine wissenschaftlichen Ansichten und Studien wiedergeben und ist Teil des Romans. Er spricht von der Gravitation und gibt eine mögliche Erklärung ab, woher die Schwerkraft kommt, sowie deren Wirkungsweise. Da wissenschaftliche Bücher für den Laien oft unverständlich sind, habe ich auf jegliche Formeln verzichtet. Obwohl das Buch „Nexus Semera" noch nicht erschienen ist, habe ich den „Codex Galactica" bereits verfasst.

Es ist kurzgehalten und umfasst zwölf Kapitel. Die Texte sind stark und nicht für jeden leicht verständlich.

Ein Muss für jeden, der sich schon mal gefragt hat, weshalb wir am Boden kleben und nicht schwerelos durch die Luft fliegen. Oder für solche, die neue Herausforderungen suchen, die grauen Hirnzellen wieder in Schwung zu bringen.

Viel Spaß beim Lesen!

Jerry Fusco

18. Januar 2022

Ein Wort zum Buch

Von
Primo Alfonso di Mera

Das vorliegende Buch beschäftigt sich in erster Linie mit dem Thema Gravitation und den damit verbundenen Auswirkungen. Befürchten Sie nicht, dass ich ein Buch mit vielen Formeln schreibe, da jede Formel den Leser langweilen wird.
Der Codex Galactica ist in einfachen, verständlichen Worten geschrieben, sodass es von jedermann gut verstanden werden kann. Deshalb wurde der Stoff in einzelne Fragmente aufgeteilt.
Fragmentalumschreibungen sind wohl das Beste, um eine bestimmte Sache zu erklären. Ein Fragment ist ein Teil des Ganzen und beschreibt somit nur einen Teilausschnitt der Sache, die man vor sich sieht. Dabei kommt sehr oft vor, dass eine Aussage öfters wiederholt wird. Zum Beispiel: das zu beschreibende Objekt ist ein Würfel.
-Das Objekt hat sechs Seiten
-Jede Seite hat eine Nummer (1. – 6. Seite hat eine andere Farbe 1: weiß 2: rot 3: grün 4: gelb 5: blau 6: schwarz
Seite 1 liegt der Seite 6 gegenüber, 2 der 5, 3 der 4. usw...
Die Liste wird solange fortgesetzt, bis alle möglichen Fragmente aufgeführt sind, so dass man ein klares Bild des Ganzen bekommt.
Man wird erst dann imstande sein, das Ganze zu verstehen, *nachdem* man eine genaue Analyse der einzelnen Fragmente durchgeführt hat. Jegliche Kritik am einzelnen Fragment ist nicht angebracht, bevor man nicht

das Ganze gelesen hat. Wieso Kritik? Könnte es sein, dass man nicht alles verstanden hat?

Der „Codex Galactica" ist ein solches Fragmentalwerk. Jeder, der es liest, wird am Anfang denken, es sei ein einfaches und naives Buch. Doch der Schein trügt!! Welcher Leser wird am Schluss fähig sein, das Ganze zu *sehen?* zu *verstehen?*

Obwohl der „Codex Galactica" in sich ein Ganzes ist, so behandelt es dennoch nur ein Fragment der ganzen Schöpfung.

Ich bin überzeugt, dass die enthaltenen Themen viel Anlass zu Diskussionen geben werden, und dennoch wage ich den Schritt, da schlussendlich genau diese Diskussionen der Weg zu einem klaren Verständnis sein werden.
Benütze deine eigene Logik. Ich will damit sagen: lies das Buch ohne Vorurteile und ohne dich auf deine Ausbildung zu stützen. Lausche den Worten so, als ob du noch nie ein Buch gelesen hättest.

10

Anfangsgedanken

Was ist der Anfang und was das Ende der
Materie?
Von was lebt sie, wenn überhaupt?
Woher kommt die Zeit und wohin geht sie?
Ist der Raum gekrümmt oder wurde der Raum
von den Menschen zurechtgebogen?
Sind die Sterne Quellen des Lebens und
schwarze Löcher deren Grab?

Was auch immer du für abstruse Fragen hast,
hier findest du die Antwort.

Erstes Fragment

Atome fressen Gravitone

Ein unbekanntes Etwas füllt das ganze Weltall, so wie Wasser das Meer. Und alle Materie schwimmt darin. Alles Materielle existiert nur innerhalb dieses Meeres, doch außerhalb kann nur Gott existieren.
Jeder Gegenstand, jedes Lebewesen, jede belebte und unbelebte Sache, die aus Atomen besteht, seien es Steine, Tiere, Pflanzen, Luft, Gase, braucht etwas zum Existieren. Wie ein Auto Benzin braucht, eine Pflanze Sonne und Wasser, Mensch und Tier Luft und Nahrung brauchen, so hat auch jedes Atom „Hunger", ja, es will existieren!
Die Anzahl der Atome inklusive ihrer Struktur und Dichte bildet die Menge der „Nahrung", die gebraucht wird.
Diese „Nahrung" nennen wir einmal Graviton. Man könnte es aber auch anders nennen, doch bleiben wir beim Ersteren, da es das Vorstellungsvermögen besser anspricht.

Das Graviton wird förmlich von den Atomen eingesaugt. Mit anderen Worten: das Atom ist

Meine Notizen:

die mikroskopisch kleinste Maschine die es gibt, die ihre Antriebsenergie aus dem Graviton entnimmt. Diese Maschinen unterscheiden sich in ihrer Struktur und Dichte voneinander. Das Wasser hat eine andere atomare Struktur und Dichte als Gold. Das Gold ist 19,28 mal schwerer als Wasser. Das heißt, dass Gold 19,28 mal mehr frisst als Wasser. Dennoch ist ihre Fressgeschwindigkeit gleich groß. Wieso? Nun, ein Kamel trinkt gleich schnell wie 19 andere Kamele. Doch die 19 trinken zusammen mehr. Das Atom käme zum Stillstand, falls man das Graviton abschirmen könnte. Vielmehr: es würde zerfallen, in eine Substanz, die wir nicht kennen. Eine Gravitationsabschirmung ist nur in geringem Maß möglich. Mit hochtourig drehenden Magneten kann man die Schwerkraft verlagern und erreicht eine sehr geringfügige Abschirmung eines Objekts. Doch es ist nicht möglich, eine 100%ige Abschirmung der Schwerkraft zu erreichen, da sonst die Atome im Objekt, in Ermangelung ihrer Nahrung, nämlich des Gravitons, zerfallen würden. Vielmehr: eine totale Gravitationsabschirmung ist niemals möglich, da jedes Element aus Atomen besteht, das von Gravitonen lebt. Deshalb gibt es keine Materie, die abschirmend wirkt. Das Graviton wird förmlich verdaut, ausgeschieden in Form von Licht, Wärme, Strahlung usw.

Meine Notizen:

Wenn ein Atom gespalten wird, entstehen nicht etwa neue Teilchen, sondern zerstörte atomare Mechanismen, deren Einzelteile ins Gravitonen-Meer geschleudert werden, um dort zu verglühen, ähnlich den Meteoriten, die in die Atmosphäre gelangen. Zuerst leben die Atome von dem Gravitonen-Meer, da sie ja auch dafür geschaffen wurden. Doch jetzt, als defektes Teilchen, wird es von diesem Meer verschlungen. Das ist auch der Grund, weshalb diese abgespaltenen Teilchen nicht lange leben und auch weshalb die Atombombe eine derartige Kraft hat. Es entsteht dabei eine Kettenreaktion mit extremer Zerstörungskraft, die die Atome in einem Feuermeer aufgehen lässt. All die gespaltenen Teilchen vollbringen nicht mehr ihre Aufgabe und schießen ziellos umher, bis sie verglüht sind. Das was übrigbleibt, sind falsch laufende Maschinen, deren Sinn durch die Explosion pervertiert wurde. Zum Beispiel ist die starke Radioaktivität, die durch eine solche Detonation entsteht, der Beweis, dass das Atom seinen Zweck nicht mehr richtig ausführen kann. Es stimmt zwar, dass viele Elemente Strahlung von sich geben. Doch dies findet auf der Erde nur in dem Umfang statt, dass es dem Leben nicht schadet.

Meine Notizen:

Zweites Fragment

Im Strom der Wirkungsrichtung

Wieso fallen Gegenstände nach unten, auf den Boden?
Wieso fließt das Gravitationsfeld nur in EINE Richtung?
Wieso ist das Gravitationsfeld der Erde auf deren Mittelpunkt gerichtet?

Wenn man über diese Fragen nachdenkt, erkennen wir sofort, dass die Aussagen aus dem ersten Fragment die einzigen vernünftigen Erklärungen sind.

Da die Erde eine sehr hohe Anzahl von Atomen hat, spricht man auch von der Erdmasse.
Die Erdmasse ist so groß, dass alle Dinge, die sich darauf befinden, angesaugt werden. Deshalb fallen alle Gegenstände nach unten auf den Boden.
Wenn wir in einem Fluss baden gehen, können wir uns von der Strömung treiben lassen.
Wenn jedoch ein Brückenpfeiler im Fluss steht, tun wir gut daran, ihn zu umgehen. Wieso?

Meine Notizen:

Die Strömung des Wassers würde uns am Pfeiler erdrücken!
Somit stellt das Wasser das Graviton in seiner Wirkungsrichtung dar, der Brückenpfeiler die Erde.
Das Graviton wird von der Erdmasse eingesogen, alles was sich in diesem Gravitationsstrom befindet, wird an die Erde gedrückt. Ein Hauptgrund, wieso das Gravitationsfeld nur monopolar ist, d.h. nur in eine Richtung fließt ist, dass die Masse dieses Gravitationsfeld in sich aufnimmt. So kommt es, dass das Atom, das sich im Erdmittelpunkt befindet, auch etwas davon haben will. Deshalb ist das Gravitationsfeld auf jedem Gestirn auf dessen Mittelpunkt gerichtet.
Dasselbe gilt auch für eine Ansammlung mehrerer Sterne, so wie man sie in Galaxien sieht. Das „schwerste" Gestirn ist im Mittelpunkt der Galaxie, oft ein Schwarzes Loch. Das Schwarze Loch hält wiederum, durch den enormen Hunger an Gravitonen, alle anderen Gestirne in seine Bahn. Die Strömung der Gravitonen fängt außerhalb der Galaxie an und endet Spiralförmig in deren Zentrum.

Meine Notizen:

Drittes Fragment

Die Göttliche Symbiose der Materie

Wenn alle Atome im Universum das Graviton zum Existieren brauchen, wo kommt es dann her?

Es gibt außerhalb unseres Universums eine andere Art von Materie.
Diese Materie, oder ihr Atom, funktioniert auf eine ähnliche Weise wie das unsere.
Diese Materie nennen wir auch ANTIMATERIE.
Sie braucht kein Graviton um zu existieren, sondern sie gibt es von sich ab.
Ein Baum gibt Sauerstoff von sich und ernährt sich von Stickstoff, das von Menschen und Tieren abgegeben wird. Mensch und Tier brauchen Sauerstoff um zu existieren und geben Stickstoff von sich, das wiederum von den Bäumen gebraucht wird.
Wir nennen dies eine Symbiose der Natur.
Ähnlich verhält es sich mit der Materie und der Antimaterie. Die Materie frisst das Graviton und gibt Energie in verschiedenster Form von sich.

Meine Notizen:

Die Antimaterie frisst diese abgegebenen Formen der Energien, um daraus wiederum Gravitone zu erzeugen. Man spricht von einer Symbiose der Materie.

Unser Universum ist in drei Bereiche aufgeteilt, nämlich in zwei Sphären und der Unendlichkeit. (Auch wenn der Ausdruck „Sphäre" etwas an Esoterik oder das Mittelalter erinnert, sollten wir doch diesen Ausdruck gebrauchen, um uns ein ungefähres Bild davon zu machen, wie unser Universum aufgebaut ist.) Die innerste Sphäre ist unser Universum, mit der uns bekannten Materie. Die zweite Sphäre ist der Bereich, wo die Antimaterie zu finden ist.
Die Grenzen zwischen den Sphären sind nicht geschlossen, sondern offen und fließen sozusagen ineinander über. Im dritten Bereich, außerhalb der zwei Sphären, ist die Unendlichkeit.
Darin lebt die Ur-Macht aller Dinge: Gott.

Meine Notizen:

Viertes Fragment

Das Zentrum aller Materie

Wie ist unser Universum aufgebaut? Die Sonne ist das Zentrum unseres Sonnensystems. Um sie herum drehen verschiedene Planeten mit ihren Monden. Auch unsere Erde dreht sich um die Sonne und der Mond um die Erde. Das Zentrum unserer Galaxis ist ein riesiges Schwarzes Loch, dessen Gravitationsfeld alle Sonnensysteme in seiner Umlaufbahn hält. Dieses Zentrum ist das Galaktische Zentrum.
Außerdem besteht unsere Galaxis aus Milliarden von Sonnensystemen. Ein noch viel größeres Schwarzes Loch ist das Zentrum von unzähligen Galaxien.
Alle diese Galaxien drehen um dieses gigantische Gravitationsfeld. Man nennt diese Ansammlung von Galaxien auch „Galaktische Haufen".
Wiederum drehen sich solche „Galaktische Haufen" um das noch nicht entdeckte „Zentrum aller Materie".

Meine Notizen:

Ein Teil der Gravitone endet in jedem Schwarzen Loch. Doch der größte Teil endet in diesem „Zentrum aller Materie."
Dieses Zentrum ist der Minuspol des Universums. Die Antimaterie in der äußeren Sphäre ist der Pluspol, dort wo die Reise des Gravitons beginnt. Das ist auch der Grund, weshalb die Materie in der inneren Sphäre ist und die Antimaterie in der äußeren. Die Materie wird von dem Graviton, das von der Antimaterie ausgesandt und von der Materie eingesaugt wird, innen gehalten. Dazu kommt, dass die ausgesandten Energieformen der Materie die Antimaterie außen ansiedeln lässt.
Es ist schon fasst eine symbiotische Beziehung.
Da aber schwarze Löcher nur wenig von sich abgeben muss die Menge der Antimaterie um ein Vielfaches grösser sein.

Oder gibt es vielleicht Anti-Schwarze-Löcher?

Meine Notizen:

Fünftes Fragment

Geburt und Tod

Heute spricht man von einem „Expandierenden Universum", das heißt, dass unser Universum grösser wird. Dann, nach etlichen Billionen von Jahren kollabiert es wieder, das heißt es wird wieder kleiner. Beim Zeitpunkt der größten Ausdehnung wird sie deshalb Ihre Größe nicht beibehalten können, da die Materie und die Antimaterie im Universum ihre Energieressourcen aufgebraucht haben werden. Ja, das symbiotische Zusammenspiel von Materie und Antimaterie ist kein Perpetuum Mobile, das ewig hält. Zum Beispiel lebt ein Stern oder auch unsere Sonne nicht ewig, sondern sie explodiert zu einem „weißen Riesen", um anschließend zu einem „weißen Zwerg" zu kollabieren. Oder bei sehr großen Sternen kann es sein, dass sie nach der Explosion so stark kollabieren, dass sie zu einem „Schwarzen Loch" schrumpfen. Ein „Schwarzes Loch" ist wie ein Parasit im Universum, es will nur Gravitonen in sich aufsaugen, doch gleichzeitig gibt es keine Energie von sich, nicht einmal Licht kann ihm entfliehen. (Schwarze

Meine Notizen:

Löcher hat man unter anderem deshalb entdeckt, weil die Materie, bevor sie in den Abgrund eines Schwarzen Loches fährt, in einem letzten „Todesschrei" unter anderem Röntgenstrahlen von sich gibt). Für unser Universum bedeutet dies, dass zum Zeitpunkt, wo die Energieressourcen beider Seiten zu klein sind, das Universum zu kollabieren beginnt. Dies ist deshalb der Fall, weil das Graviton und die Energie rar werden. Es ist so, wie wenn die Luft aus einem Luftballon entweicht. Die Materie saugt das Graviton zu sich und mit ihm auch die Antimaterie. Die Antimaterie saugt die Energie zu sich und mit ihr auch die Materie, bis zu dem Punkt, wo die Materie nur noch eine gigantische Kugel aus „Reiner Materie" ist und die Antimaterie wie eine riesige Schale darum. Dann kann kein Graviton und keine Energie mehr ausgetauscht werden. Die Folge ist, dass alles zerfällt. Die Atome auf beiden Seiten hören auf zu arbeiten und lösen sich in Nichts auf!

Dies ist der absolute Stillstand aller Bewegungen im Universum, der absolute Tod der Dinge.

Doch wie kam es zur Geburt?
Da Materie und Antimaterie nicht getrennt voneinander existieren können, müssen sie auch

Meine Notizen:

gleichzeitig ins Dasein gekommen sein: nicht durch den Urknall und noch weniger durch ein Chaos. Es war die Allmacht in der Unendlichkeit, die sie erschuf, nämlich Gott, in einem Bereich, wo alles aus reinen Energieformen besteht. In einem überdimensionalen Labor hat er auf eine Art und Weise alles erschaffen, was uns ewig verborgen sein wird. Wir wissen nur, dass die Materie eine komprimierte Form von Energie ist. Gott gebrauchte seine Macht, um diese Energie in Materie zu verwandeln. In furchteinflößender Weise erschuf er die einzelnen Bausteine der Materie, die einer logischen Mechanik unterliegen.

Stellen wir uns eine Ameise vor. Sie sitzt nachts auf einem Stein im Garten, und sieht im Haus eines Menschen ein Licht brennen. Die Ameise weiß: „Ah, das ist wohl ein Licht!" Doch mehr kann und wird sie nicht erfahren, da ihr geistiger Horizont es ihr nicht erlaubt. Wie sollte sie verstehen, dass es fünfhundert Kilometer weiter ein Kraftwerk gibt, das Strom produziert, damit Menschen Licht in Ihren Häusern haben? Geschweige denn würde sie über die Funktionsweise des Kraftwerks etwas in Erfahrung bringen. Wir Menschen sind diese „Ameise". Das Wissen über „das Licht im Haus"

Meine Notizen:

ist die ganze Wissenschaft, die der Menschheit zu eigen ist.
Also, wie sollen wir wissen wie Gott die Materie und die Antimaterie ins Dasein gebracht hat?
Wir wissen nur, dass Er sie gemacht hat.

Aus all dem ergibt sich, dass im Endeffekt Gott entscheiden wird, ob er seine Schöpfung dem „absoluten Tod" übergeben wird oder auch nicht. Es ist seine Aufgabe oder wie man heute sagt, sein Job, die Dinge zu erhalten.

Meine Notizen:

Sechstes Fragment

Wasserkugel und Luftblase

Wieso steigt eine Luftblase im Wasser nach oben? Wieso werden Luftblasen in einer Flasche, die sich in Schwerelosigkeit befindet, NICHT vom Wasser verdrängt? Weshalb ist Wasser, wenn es in Schwerelosigkeit schwebt, kugelförmig? Es gibt noch viele solcher Fragen, die wir über das Wasser oder der Luft stellen könnten. Doch alle haben die gleiche Ursache, nämlich das „Graviton in seiner Wirkungsrichtung". 1 l Luft enthält weniger Atome als 1 l Wasser. Das heißt, dass der Bedarf an Gravitonen bei Wasser grösser ist als bei der Luft. Dadurch wird das Wasser stärker vom Gravitationssog der Erde beeinflusst als die Luft.

DIE LUFT WIRD NICHT VOM WASSER VERDRÄNGT, WEIL DIES DIE WASSERDICHTE BEWIRKT, SONDERN ES IST DER GRAVITATIONSFLUSS RICHTUNG ERDE, DER DAS WASSER STÄRKER, DIE LUFT JEDOCH WENIGER MITREISST!!!

Meine Notizen:

Der Inhalt einer Flasche, die zur Hälfte mit Wasser gefüllt ist und in Schwerelosigkeit gehalten wird, verteilt sich gleichmäßig im Inneren der Flasche. Das heißt, Luftblasen werden nicht vom Wasser verdrängt, sondern sie schweben frei im Wasser umher, da der Gravitationsfluss in keine bestimme Richtung gesogen wird. Die Gravitationsflussgeschwindigkeit ist bei allen Objekten gleich groß, aber erst im Moment ihres Auftreffens auf einen festen Grund, kommt ihr Gewicht zur Geltung. Auch wenn man Schwerelosigkeit in einem Flugzeug simuliert, fallen Gegenstände gleich schnell wie das Flugzeug, und Luftblasen in einer Flasche schweben frei im Wasser umher. Die Atome des Wassers und der Luft befinden sich im „Fluss der Wirkungsrichtung des Gravitons", sie fließen sozusagen mit. Erst dann, wenn diese Flasche auf den Erdboden gestellt wird, ändert sich die Wirkung sowohl auf das Wasser als auch auf die Luft. Wenn man eine Feder und einen Hammer auf dem Mond fallen lässt, so ist ihre Fallgeschwindigkeit gleich. Wenn Sie ein Sieb mit **großen** Gittermaschen in einen Fluss halten, ist der Widerstand klein, bei einem Sieb mit **kleinen** Gittermaschen grösser. Solange diese Siebe frei im Fluss treiben, sind sie

Meine Notizen:

gleich schnell. Wenn sie jedoch an mehreren in den Fluss gesteckte Pfähle auflaufen, so werden die Siebe verschieden stark angedrückt, je nach Größe der Maschen. So entspricht der Hammer dem Sieb mit kleinen Gittermaschen und die Feder dem mit den großen Maschen. Die Dichte der Atome bestimmt die Größe der Maschen.

Meine Notizen:

Siebtes Fragment

Fallendes Feuer

Wärme steigt bei kaltem Wetter auf, da es sich durch die Erhitzung der Atome ausdehnt und somit leichter geworden ist, wohingegen kalte Luft sinkt, also schwerer wird. Wenn im leeren Raum warme und kalte Materie aufeinander treffen gleichen sie ihre Temperaturen einander an. Das Warme wird kälter und das Kalte wird wärmer. Das nennt man Thermodynamik. Wo es keinen Austausch gibt, bleibt die Temperatur immer gleich. Hüllt man etwas Gefrorenes in eine Daunendecke, bleibt es über Tage gefroren, da die Daunen das Eindringen von Wärme stark behindert. Isoliert man einen Tank und befüllt ihn mit geschmolzenem Metall, kühlt es sehr langsam ab, da die Isolation einen Austausch unterdrückt.

Das bringt uns zur Frage: „Was geschieht mit einer brennenden Kerze im freien Fall?" Normalerweise hat eine stehende Kerze eine Flamme, die nach oben flüchtet, da die heiße Flamme leichter als die Umgebung geworden ist.

Meine Notizen:

Legt man jedoch diese Flamme in die Wirkungsrichtung der Gravitation, das heißt, man lässt sie in einem großen mit Luft befülltem Behälter fallen, so wird die Flamme zur Kugel und nicht etwa langgezogen, was auch der Beweis meiner Theorie bedeutet.

Meine Notizen:

Achtes Fragment

Rotation

Jetzt kommt noch die Rotation dazu. Alles dreht sich, doch weshalb? Ein Pulsar dreht sich mit solcher Geschwindigkeit, wie wenn er ein riesengroßer Kreisel wäre. Und ein Schwarzes Loch rotiert so schnell, dass man an einigen von ihnen zwei vertikale Wirbel sieht, so als ob die Wirbel in die Pole eindringen wollten. Der Grund ist, dass ein Atom die Gravitonen leicht schräg zu ihrer Drehebene einsaugt. Bei kleinen Ansammlungen von Atomen, wie z.b. bei uns Menschen spürt man nichts. Erst bei großen Ansammlungen, wie z.b. der Erde oder der Sonne entsteht eine dynamische Bewegung. Am stärksten ist der Sog an ihren Äquatoren. Bei der Sonne dreht sich der Äquator schneller als ihre Pole, sodass man bei der Sonne keine Längengrade bestimmen kann. Der Äquator der Sonne braucht rund 25 Tage für eine Umdrehung. Je näher man an die Pole geht, desto länger braucht sie, um ihre Umdrehung zu vollenden. Dies trifft jedoch nicht auf die Erde zu, da die Erde starr ist, im Gegensatz zur flüssigen Sonne.

Meine Notizen:

In der klassischen Astrophysik schaut man das Sonnensystem von „oben" an, d.h. die Sonne in der Mitte dreht sich gegen den Uhrzeigersinn. Auch die Planeten beschreiben die gleiche Drehrichtung um die Sonne, d.h. die Sonne saugt die Gravitonen (von „oben" gesehen) leicht von rechts an, sodass eine Drehung nach links entsteht. Dass hört sich unlogisch an, ist aber durch das Eindringen der Gravitonen Richtung Mittelpunkt geschuldet, da die äußeren Atome schon bedient wurden die inneren aber erst später. Diese schrammen an den bedienten vorbei und treiben den Planeten oder auch die Sonne zur Drehung an.

Das Ganze wirkt sich dann auf das Gravitonen-Meer so aus, dass ein spiralförmiges Gebilde entsteht. Je nach Gebilde variiert diese Geschwindigkeit, und je grösser diese Drehung ist, desto enger ist die Spirale und desto schwerer der Mittelpunkt.

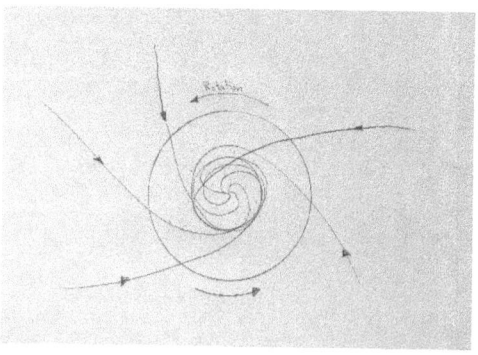

Meine Notizen:

Neuntes Fragment

Raum-Krümmung oder Wirbel

Versuchen Sie, die folgenden Fragen zu beantworten, bevor sie das neunte Fragment lesen. Denken sie über das bisher Gelesene nach, um die Antworten zu erahnen.

Ist der Weltraum das „Nichts"?
Wenn ja, kann er dann gekrümmt sein?
Wenn nein, ist er dann gekrümmt?

Der Weltraum ist nicht das Nichts. Wäre er es, so könnte es nicht gekrümmt sein. Das Universum der inneren Sphären ist ein gigantisches Meer von Gravitonen. Die Schwarzen Löcher sehen aus wie Abflussrohre, die um sich einen riesigen Wirbel erzeugen, gleich dem Wirbel in einer Badewanne, wenn das Wasser abläuft. Wirbel ist vielleicht nicht das richtige Wort, sondern eher eine Spirale, die nach innen verläuft. Nun, jeder Stern und jeder Planet, einfach alles, was aus Materie besteht, erzeugt einen solchen Wirbel. Die Planeten unseres Sonnensystems sind dem Wirbel der Sonne unterworfen. Merkur braucht 88 Tage, um die Sonne zu umkreisen.

Meine Notizen:

Pluto hingegen 365 Jahre, das beweist den
Wirbeleffekt in Spiralform. Denken wir auch an
die Galaxien, die sich von weitem gesehen, auch
als Wirbel bewegen, da das Schwarze Loch in
deren Mitte es bewirkt.

Der Raum an der Stelle der Wirbel scheint
gekrümmt zu sein. Doch dem ist nicht so.
Lichtstrahlen, die an einem riesigen Körper, z.B.
einem Stern vorbeiziehen, werden durch den
Wirbel abgelenkt und nicht durch den Raum.

Meine Notizen:

Zehntes Fragment

Zeitreise

Gibt es die Zeit?
Wenn ja, kann man sie verbiegen oder ändern oder darin reisen?

Wenn nein, was ist sie dann?

Zeit gibt es nicht. Alles ist in einem Teich der Ewigkeit eingebettet. Die Zeit fließt auch nicht. Sie kommt von nirgendwo und geht auch nirgendwo hin. Das, was wir als Zeit beschreiben, ist lediglich die Einteilung der Bewegung der Atome in Zeiteinheiten. Die Erde braucht 24 Stunden für eine Umdrehung um die eigene Achse und ein Jahr für die Bahn um die Sonne. Das ist nicht ein Zeitablauf, sondern lediglich die Bewegung der Gestirne.
Viele reden davon, dass unter anderem auch die Zeit mit dem „Phantom" Urknall seinen Anfang nahm. Alles, was damals jedoch angefangen hat, ist die Bewegung der Materie. Wenn nämlich die Zeit etwas gewesen wäre, das vor dem Urknall nicht existierte, dann würde heute auch nichts existieren, da sich die „Zeit" nicht bewegte.

Meine Notizen:

Nicht die Zeit nahm ihren Anfang, sondern die bewegte Materie. Somit ist die Zeit nicht im Fluss, sondern es gibt nur die fließende, bewegte Materie.

Wenn man zwei baugleiche Uhren nimmt und sie an unterschiedliche Orte platziert, (z.b. eine auf der Erde und die andere in der Stratosphäre) werden sie unterschiedliche Zeitangaben machen, da der Einfluss der Gravitonen auf die Materie der Uhren unterschiedlich wirkt.

Zeit ist nur eine menschliche Illusion, und Zeitreisen eine wunderschöne Fantasie von Träumern und solchen, die gerne unterhalten werden wollen.

Meine Notizen:

Elftes Fragment

Schweben und Raumfahrt

Werden wir in Zukunft Schwebe-Autos haben? Können wir in Zukunft mit Lichtgeschwindigkeit durch das All reisen?

Das geräuschlose Schwebe-Auto wird es wohl nie geben, da Auftrieb und Fortbewegung mit einem enormen Energieaufwand verbunden ist. Ein lautes Schwebe-Auto kann hingegen schon heute gebaut werden, mit Propellern oder Düsenantrieben.

Leider werden wir auch nie mit Lichtgeschwindigkeit reisen können, da irgendwo vorher die **Gravitationsmauer durchbrochen** wird. Ähnlich wie bei der Schallmauer, wo man den Schall hinter sich lässt und alles verzögert zu hören ist, wird beim Reisen kurz vor der Lichtgeschwindigkeit das Graviton hinter sich gelassen, nur mit dem Unterschied, dass sich die Atome des Raumschiffes auflösen.

Meine Notizen:

Zwölftes Fragment

Philosophischer Ansatz

Nun leben wir also in einer bewegten Welt, und wir nehmen die Bewegung war.
Dabei ist unser kurzes Dasein im Vergleich zum Alter des Universums unbedeutend. Aber es gibt etwas anderes, dass das Leben lebenswert macht. Etwas das grösser ist als das Universum.

Unser Bewusstsein!

Das Wissen, das wir existieren und uns durch den Kosmos bewegen können, ohne das Sofa verlassen zu müssen, ist eine göttliche Gabe. Nutze die subjektiv empfundene „Zeit" weise und versuche herauszufinden, wer du bist, weshalb du „Du" bist und nicht im Körper eines anderen Menschen steckst. Woher kommst du und wohin willst du gehen? Was sind deine Ziele und deine Wünsche? Wen liebst du und wen hasst du? Ja, das Wichtigste in deinem Leben sollte die Frage sein: „Was ist der Sinn des Lebens, und wie kann ich ihn finden?"
Gibt es vielleicht doch einen Gott…..?

Primo Alfonso di Mera 1964

Meine Notizen:

Meine Ergänzungen und Erklärungen:

68

Danke dass Sie mein Buch gelesen haben.

Jerry Fusco

14. Februar 2022

Der

Foliant der Einsicht

Oder auch die sogenannte

Divina Sapientia

Die „Divina Sapientia" ist eine im Roman „Nexus Primera" erwähnte Schrift, die von dem fiktiven „Meister Che" geschrieben wurde. Sie soll seine religiösen Ansichten und Lebenserfahrungen wiedergeben und ist Teil des Romans. Er spricht von dem Ursprung des Lebens und der Weisheit eines Christlichen Wandelns, auch über den Sinn des Lebens, die Ehe, sowie von der Macht des Glaubens und des Göttlichen Bewusstseins.

Da religiöse Ansichten meist privater Natur sind oder so empfunden werden, ist die Schrift nicht im Roman enthalten. Dennoch habe ich die „Divina Sapientia" geschrieben und es kann käuflich erworben werden, über die gleiche Anschrift wie das vorliegende Exemplar.

Es ist kurzgehalten und umfasst nur wenige Seiten, also eher ein kleines Buch. Dennoch sind die Texte stark und prägnant.

Es ist ein Muss für jeden, der an Gott glaubt oder zumindest philosophisches Interesse hat.

Viel Spaß beim Lesen!

Jerry Fusco

15. Januar 2022

Nexus Primera

Nexus Primera ist die Geschichte des jungen „Primo Alfonso di Mera", der schon mit fünfzehn Jahren seine Eltern im ersten Weltkrieg verliert.
Er bleibt stark, obwohl die Wirren des ersten Krieges im schwer zu schaffen machen und kämpft sich mehr schlecht als recht durchs Leben.
Er lernt einen alten, etwas eigenen Professor kennen, der von einer wissenschaftlichen Entdeckung erfahren hat, die das Leben auf dem Planeten in Gefahr bringen könnte, falls diese Informationen in die falschen Hände fallen. Leider haben Russische Spione Wind davon bekommen und verfolgen nun den Professor.
Die Geschichte ist in Nexus Form geschrieben, das heißt, verwoben, jedoch gut nachvollziehbar. Ein Erlebnis überschattet ein anderes, und dennoch ist alles miteinander verbunden.

Über den Autor

Jerry Fusco ist der Sohn italienischer Einwanderer, die in den 1960er Jahren ein neues Leben in der Schweiz begannen. Seine Eltern durchlebten als Kinder die Wirren des Zweiten Weltkrieges und erfuhren schwere Armut, was Jerry veranlasste, die Erlebnisse in der fiktiven Geschichte „Nexus Primera" zu integrieren. Auch die Erlebnisse der Ur-Großeltern, die den ersten und zweiten Weltkrieg hautnah erlebt haten, trugen zur Entwicklung der Geschichte bei. Nicht zu vergessen meine Großeltern, auch ihnen blieb nichts erspart, was Elend und Krieg bedeuten. Die Erfahrungen wurden der Geschichte angepasst und entwickeln eine spezielle Eigendynamik.

Februar 2022

Korrigierte Version vom 29. September 2023

E-Mail: jerryfusco@bluewin.ch

www.ingramcontent.com/pod-product-compliance
Lightning Source LLC
Chambersburg PA
CBHW070121230526
45472CB00004B/1363